U0065770

The Origin of Everything | 第一輯 |
漫畫
萬物由來
郭翔 著
讀漫畫・知常識・曉文化・做美食
麵

關於作者
郭翔

童書策劃人，上海讀趣文化創始人。

策劃青春文學、兒童幻想文學、少兒科普等圖書，擁有十多年策劃經驗。

2015 年成功推出的原創少兒推理冒險小說《查理日記》系列，成為兒童文學的暢銷圖書系列。

麵條拉拉成長相冊

大家好！我是麵條拉拉，是人們最家常的主食之一，我來自龐大的麵食家族，我家的親戚多到數也數不清。我是北方人，我隨和的性格招人喜愛，我的朋友遍布天下，足跡踏遍世界。

麵條家族大集合

倫敦街頭的中國麵館

我和麵食兄弟在一起

我在金燦燦的麥田裡

義大利麵的起源地西西里

生日宴上的長壽麵

目錄

麵條遍布世界

麵條是世界上流傳最廣、最為常見的食物之一，從東方到西方，到處都有麵條的身影。

做麵條、吃麵條在中國由來已久。麵條不僅是中國人的主食，而且早已走出國門，走遍全世界。今天，無論在巴黎、倫敦還是紐約，我們不費吹灰之力就能找到亞洲麵館，甚至是道地的中國麵館。

麵條製作簡單、經濟實惠，可以加工成粗細、長短不同的形狀，軟硬皆宜；也可以和任何食材搭配，做出富有地方特色、符合各國各地人們喜好的口味。或許正是因為這些原因，麵條成為老少咸宜的主食之一。

中國是麵條的故鄉

麵條誕生在中國北方，最早叫湯餅，可能因為麵條要在湯裡煮熟而得名吧；也有叫水引餅的，做法是把筷子般粗細的麵條壓成韭菜葉那麼寬、那麼長。“麵條”這個名字，是在宋代的時候才出現的，一直沿用到了今天。

1 考古學家在黃河流域的喇家遺址發掘出世界上最早的麵條化石，距今已有4000多年。這些麵條化石倒扣在出土的陶碗裡。據分析，喇家麵條的主體成分有粟，也就是小米，還可能混有少量的黍，也就是黃米，這些都是當時黃河流域的主要農作物。

2 距今 3000 年前，中國人開始種植小麥。直到距今 2000 多年的漢朝，人們才把小麥磨成了麵粉，使種植和食用小麥得到了普及。

3 南北朝時期，小麥進入尋常百姓家，有些富裕的家庭會把小麥磨成麵粉做成麵餅食用。人們偶然發現，用酒釀和麵，放置一段時間後，麵糰會膨脹變大，蒸出來的麵餅鬆軟噴香。這種發酵法在北魏賈思勰的《齊民要術》裡有記載。

拉拉生活課 傳統病號飯首選麵條

《荊楚歲時記》裡說：“六月伏日進湯餅，名為避惡。”惡，就是疾病和汙穢。伏天蒼蠅多、細菌多，而“湯餅”用開水沸煮，趁熱吃，會減少伏天裡食物變質的機率，會大大減少疾病的發生。所以，煮麵條自古就被認為是潔淨、養人的食物。這也是為什麼千百年來，病人的飯食多是麵條的原因。

4《齊民要術》裡記載了最早的麵條製作方法，被稱為水引餺（ㄅㄛˊ）飥（ㄊㄨㄛˊ）法。唐朝以後，麵食在北方普及，成為人們日常的主食，自此流傳開來。

5北宋的都城開封，貿易發達，人口眾多，出現了大大小小的餐館，其中最受人們喜愛的食物就是麵條。

拉拉歷史課《齊民要術》的由來

《齊民要術》由南北朝時期北魏著名的農學家賈思勰所著，是中國最早、保存也最完整的農學著作，在全世界也是最早的農學著作之一。這本書系統地總結了6世紀以前黃河中下游地區人們的農牧業生產和生活經驗，詳細介紹了季節、氣候和不同土壤與不同農作物的關係，被譽為“中國古代農業百科全書”。

6 伴隨著頻繁的文化交流和貿易往來，麵條向北傳播，進入蒙古；向東傳播，進入韓國、日本；向南進入新加坡、泰國、印尼等東南亞各國。

拉拉語文課 謎語賞析

一葉落鍋一葉飄，一葉離麵又出刀。
銀魚落水翻白浪，柳葉乘風下樹梢。

—— 打一食物

（謎底：刀削麵）

麵粉從哪兒來

小麥的種植

麵條由麵粉做成，麵粉是由小麥磨成的，小麥是當今世界上種植面積最大、分佈最廣的糧食作物，和稻子、玉米一起被稱為世界三大主糧。全世界有三分之一的人口以小麥為主食。

小麥植株中可以食用的部分，只有它的穎果，也就是我們通常所說的小麥。我們一起來看看小麥的種植過程吧。

掃一掃，觀看有趣的影片。

拉拉自然課 獨特的杜倫小麥

杜倫小麥是一種獨特的小麥品種，是義大利麵的製作原料。杜倫小麥誕生於大約100萬年前，是野生小麥湊巧和野生山羊草雜交繁殖出來的。因為其蛋白質含量高，所以硬度也高，人們又叫它硬粒小麥，用它磨成的麵粉顆粒要比其他小麥磨成的麵粉顆粒粗。現在，杜倫小麥的產量占全世界小麥總產量的十分之一左右，而這十分之一絕大多數都用來製作義大利麵了。

1 農民伯伯把一袋一袋的種子倒進播種機裡。

2 播種機在犁好的地裡撒下種子。

3 小麥的種子發芽了，持續不斷地生長。

4 小麥長出了麥穗，8 月，麥穗漸漸成熟。收割機來收割麥穗了。

5 將收割來的麥穗倒在一起，用脫粒機脫粒後，麥粒入倉。

加工成麵粉

小麥食用方法的演變

1 中國人最初食用麥子的方法和食用稻穀一樣，是將麥子整粒蒸熟或煮熟之後，製成“麥飯”，用筷子夾著吃。

2 後來有人想到用石磨把麥粒磨碎，吃起來有點兒像北方的小米。在漫長的勞動實踐中，石磨不斷改進，終於能磨出更細的麵粉了。

石碾： 主要材料是石頭和木材，用於碾壓穀物或給穀物去皮。

石磨： 也是由石頭和木材製成，用於把米、麥、豆等糧食加工成粉漿。

3 在現代，採用各種先進的自動磨麵機來大規模生產麵粉，效率非常高。但有許多人認為機器磨出來的麵粉不如石磨磨出來的麵粉好吃。於是，聰明的工程師製造出了自動石磨磨麵機。

揭秘麵粉加工廠

1 在麵粉加工廠裡，工人把運來的麥粒倒入受料槽，用帶磁性的除鐵器除去麥粒中的鐵質雜物，再對麥粒進行反覆嚴格的篩選、去石、清洗和精選。

2 選好的麥粒在磨粉前需要浸泡。浸泡的時間和水的溫度會根據麥粒的情況來決定，這叫作水分調節。只有水分含量達標的小麥才能磨出品質更好的麵粉。

3 接下來，麥粒被送往磨麵機生產線，經過麩皮處理、過篩等一系列工序，磨粉、裝袋一氣呵成。雪白的麵粉就可以出廠了。

麵粉

拉拉科學課 麵筋蛋白的魔法

小麥含有豐富的麵筋蛋白，它的黏性使麵粉加水後可以揉成麵糰。我們不妨取一些麵粉來試試看。先在麵粉中加少量水，遇水的麵粉立刻結成了絮狀，我們用力捏、揉，再慢慢加水，直到粉狀完全消失。這時，把你手裡的麵糰揪下一小塊，拉開看看，會發現類似網狀的連接。再用力揉啊揉，直到麵糰光滑而柔軟，切下一條，慢慢拉開，就會拉出一根又細又長的麵條，那些網狀的連接也消失了。這就是麵筋蛋白的魔法，它的網狀結構在不斷加水、不斷揉和中一次次被打破、重建，再打破、再重建，直到這些網狀結構在麵糰中分佈得均勻、細密，讓我們用肉眼都難以發現。所以，和麵也是個費體力的工作呢。

豐富多樣的麵條

麵條的分類

據統計，中國人日常吃的麵條有 1200 多種風味。

和麵

按製作材料分

第一類是用小麥麵粉加水和麵、揉麵、醒麵，再加工成麵條。這種做法利用了小麥麵粉中所含的“麵筋蛋白”的黏性，做出的麵條筋道可口，是最家常的做法。

第二類是澱粉麵條，把米、土豆、玉米這些禾穀類農作物磨成粉，加水和在一起，揉成麵糰。因為這些農作物中含有豐富的澱粉，澱粉遇水產生黏性，同樣可以做出各種各樣的麵條。這類麵條吃起來爽滑細膩，別有風味。

拉拉語文課 麵條歇後語

一根筷子吃麵條——單挑；
娃娃吃麵條——瞎抓；
吃麵條找頭子——多餘；
粉絲湯裡下麵條——糾纏不清。

按烹飪方法分

北方人愛吃的手撖麵、刀削麵、炸醬麵、燴麵；南方人愛吃的陽春麵、沙嗲麵、熱乾麵、港式麵、福建麵線；還有家家戶戶常備的方便食品：掛麵和泡麵。數不勝數。

去廚房找一找，你家裡一共有幾種麵條？

外國的麵條家族也很龐大，最著名的有日本烏龍麵、義大利麵、朝鮮冷麵等。

掛麵的製作

掛麵，顧名思義，把麵條掛起來。的確如此，把做好的新鮮麵條掛在高高的竿子上晾乾，這就是掛麵的原始做法。今天，超市裡琳瑯滿目的各種掛麵大受歡迎，掛麵的銷售占全部麵條製品的 90% 左右，這全因為它方便實惠、可長久保存，而且較多地保存了麵條的營養。

2 把和好的麵糰送上生產線。

1 使用和麵機和麵。在麵粉中加入30℃左右的溫水和鹽。

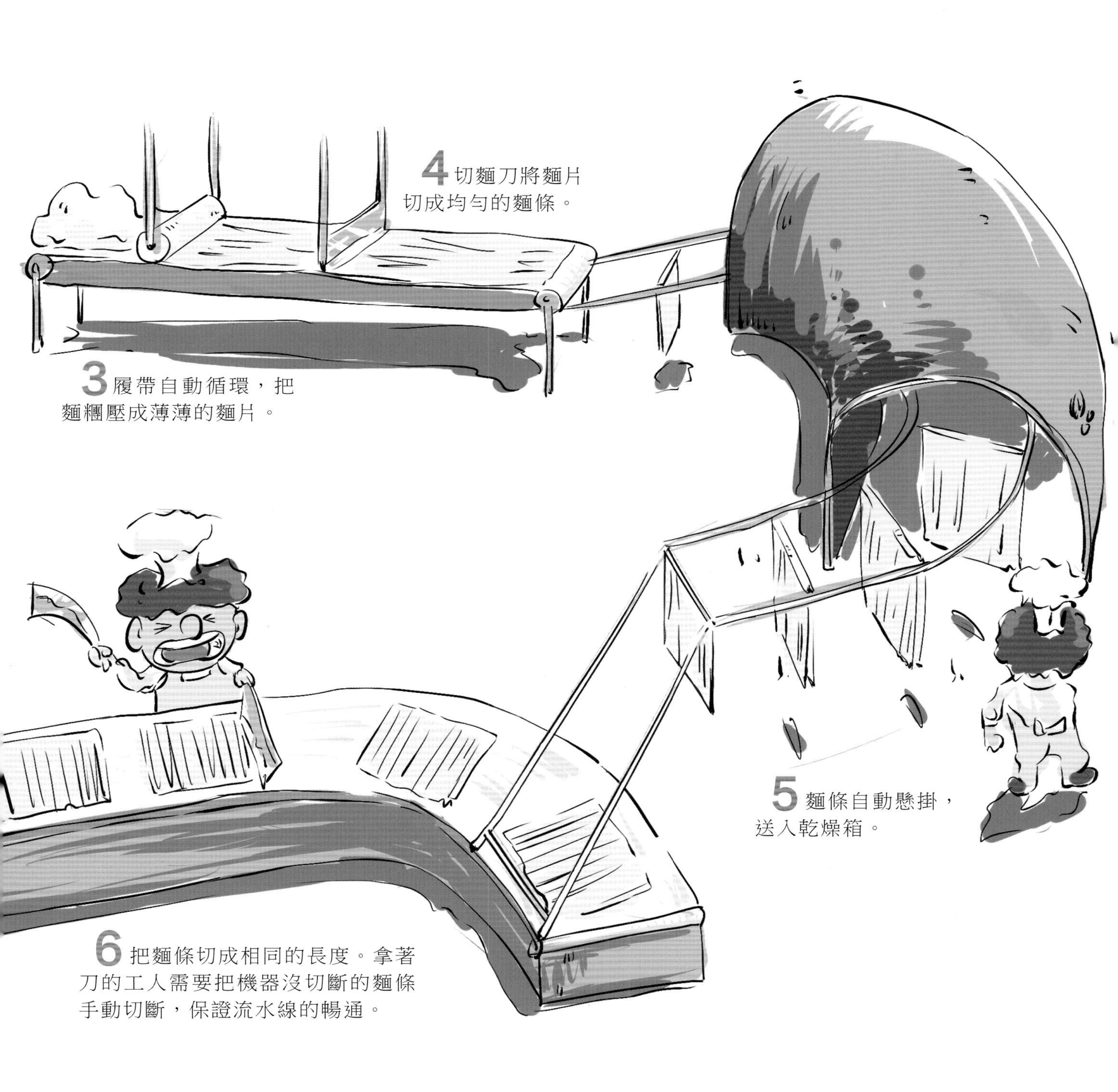
3 履帶自動循環，把
麵糰壓成薄薄的麵片。
4 切麵刀將麵片
切成均勻的麵條。
5 麵條自動懸掛，
送入乾燥箱。
6 把麵條切成相同的長度。拿著
刀的工人需要把機器沒切斷的麵條
手動切斷，保證流水線的暢通。

掛麵
7 稱重後進行包裝。

用鹼水和麵的拉麵

拉麵是北方人的一項傳統絕活兒，一塊麵糰在拉麵師傅的手裡，一抻二拉，三甩四扯，下鍋撈起，一碗均勻細長的拉麵就做好了。據說這一碗麵條是找不到頭也找不到尾的，隨便撈起一根就能扯出這一大碗來，一碗麵就是一根呢。

在中國北方，地下水大部分都呈鹼性，為拉麵的起源創造了天然的條件。

拉拉民俗課 清湯牛肉麵

蘭州清湯牛肉麵最早叫熱鍋子麵，是當地回民沿街叫賣的一種小吃。後來，經過幾代人的改良，做出了以“一清（湯清）、二白（湯裡特有的白蘿蔔）、三綠（香菜和蒜苗）、四紅（油潑辣子）、五黃（麵條黃又亮）”為特色的蘭州牛肉麵。據說，蘭州清湯牛肉麵距今已有 200 年的歷史，曾被讚“聞香下馬，知味停車”，而“清湯牛肉麵”的名字還是著名政治家、教育家于右任先生給取的呢。

製作拉麵的訣竅，就是要在麵糰中加入一種特殊的原料——鹼水。我們把食用鹼和水混合，鹼溶解在水中就得到了鹼水。添加了鹼水的生麵糰會更有彈性、更筋道，且不易斷裂，進而可以製成彈力十足的拉麵。

現代工藝讓拉麵製作規模化，我們很容易就能在超市裡買到一袋袋半成品拉麵。這些拉麵是如何生產出來的呢？

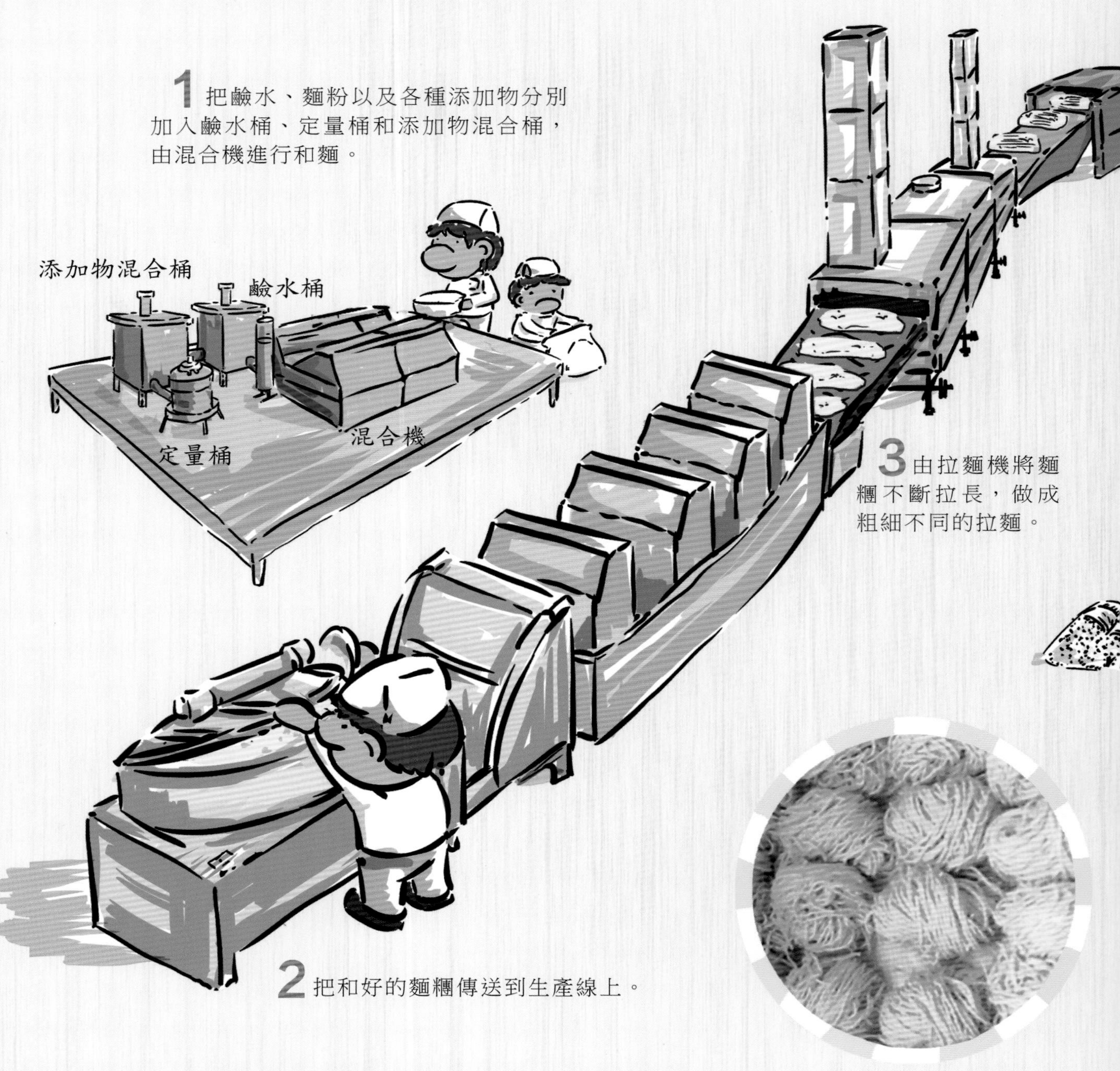

即將裝袋的拉麵

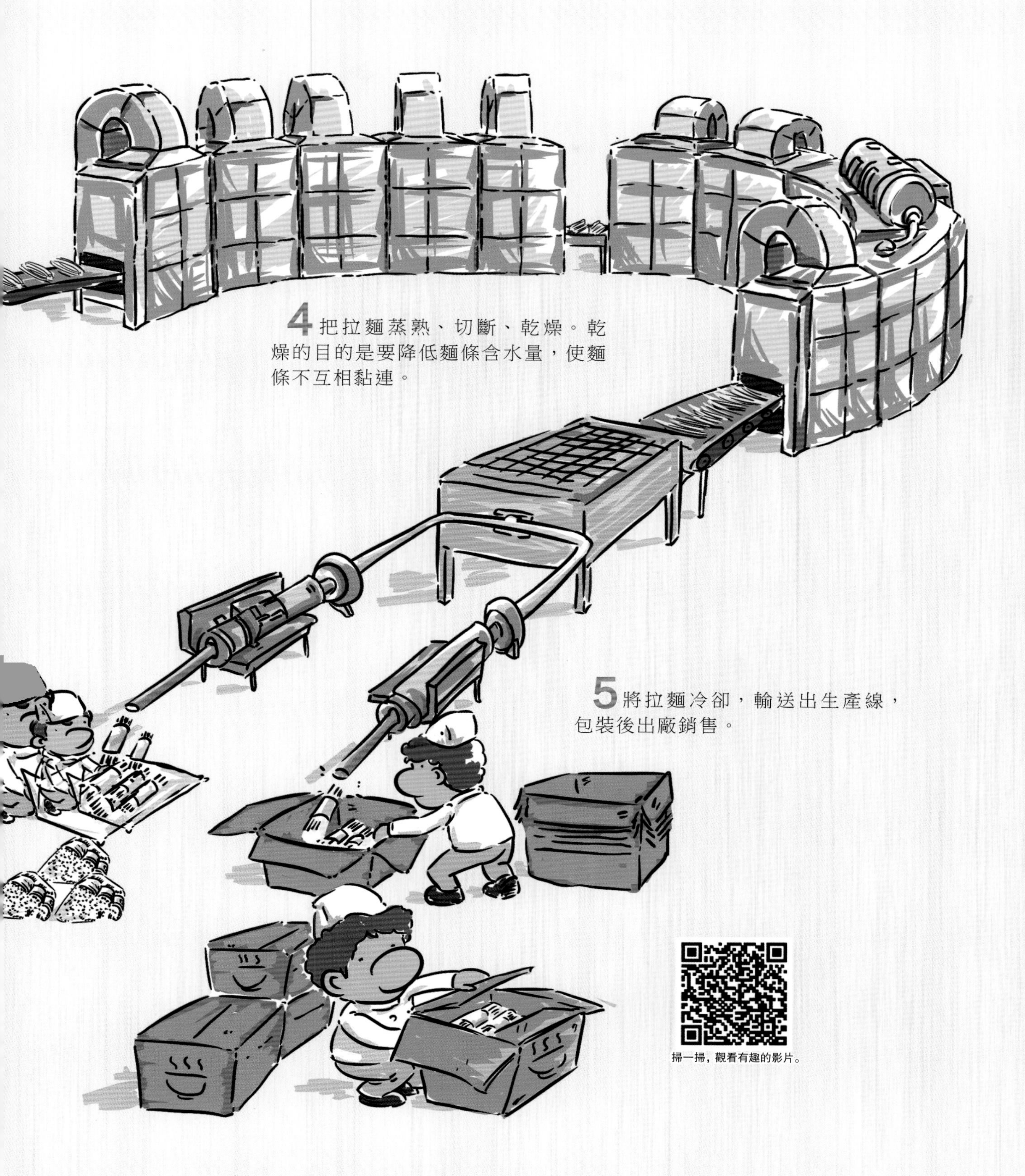

4 把拉麵蒸熟、切斷、乾燥。乾燥的目的是要降低麵條含水量，使麵條不互相黏連。

5 將拉麵冷卻，輸送出生產線，包裝後出廠銷售。

掃一掃，觀看有趣的影片。

日本烏龍麵

烏龍麵（烏龍又稱烏冬，為日語音譯詞）是最具日本特色的麵條之一，與蕎麥麵、綠茶麵並稱日本三大麵條，是遍布世界各地的日本料理店裡不可缺少的主角。

烏龍麵

綠茶麵

蕎麥麵

拉拉歷史課 三百年稻庭烏龍

在日本，最好的私家烏龍麵“稻庭烏龍”，被視為烏龍麵中的極品，已經有300年的歷史了。300年來，稻庭烏龍嚴守技藝不外傳的祖訓，製作技藝傳承至今，仍堅持100%純手工製作，出品量非常有限。在日本，也只有一些老店鋪才能訂購到正宗的稻庭烏龍，而且訂單通常要等上一年多。

麵條在唐朝時期隨佛教從中國傳入日本。到宋朝時，日本京都東福寺的開山祖師圓爾辨圓禪師到中國求法，學會了磨麵工藝和製作麵條的方法，並帶回了日本。後來，麵條被日本僧人奉為特殊的美食，逐漸流傳到民間，成為日本人餐桌上的主食之一。

1 烏龍的意思是用鹽水和的麵，鹽水能促使麵糰快速形成麵筋。

2 將和好的麵糰擀成一張麵餅，再把麵餅疊起來切成粗麵條。

3 烏龍麵口感偏軟，再配上精心調製的湯料，就成了一道可口的日式美食。

最硬的義大利麵

義大利麵是義大利美食毋庸置疑的代表，它歷史悠久，花樣繁多。據說義大利麵的種類多達三五百種，形狀、長短、花紋、顏色各不相同，還有複雜多變的醬料、千變萬化的配菜。愛美義的義大利人用創造藝術品的態度來做義大利麵，當然，這也要歸功於具有獨特硬度的杜倫小麥。

1 用杜倫小麥磨出粗麵粉。

4 麵糰被送入衝壓機，衝壓機上的衝模有各種大小、形狀的小孔。從這些小孔中可以擠壓出粗細、形狀不同的義大利麵。空心麵是用中央帶有空心圓環的輪盤式衝模做出來的。

5 乾燥是至關重要的一步，對於所有半成品麵條都一樣，可以防止它們互相黏住。

2 工人將麵粉灌進混合機，加熱水和麵。

3 這部攪拌機在真空狀態下工作，除去麵糰中的所有氣泡。

混入彩色果蔬汁做
出彩色義大利麵

6 把乾燥的麵條送進隧道式烘箱，緩慢乾燥 13 個小時就可以打包出廠了。

速食麵是怎麼生產出來的

速食麵是最常見的速食品之一，它給我們的生活帶來了許多便利，它一誕生就受到了極大的歡迎。我們來看看速食麵是怎麼生產出來的。

拉拉歷史課 速食麵之父

速食麵曾被盛讚為“20 世紀最偉大的發明”，發明它的是一位華裔日本人，他的名字叫安藤百福。安藤先生是食品公司的社長，他經常看到街頭巷尾的拉麵館前排著長長的隊伍，無論寒暑，人們執著地等待著，只為吃上一碗熱騰騰的拉麵。於是，安藤先生開始了他的實驗。經過無數次失敗，他終於做出了世界上第一碗泡一泡就能吃的麵條。速食麵就此誕生，安藤百福也被稱為“速食麵之父”。

速食麵

速食麵的生產過程

製作美味速食麵。

1 和麵：在麵粉中加入清水和鹼水，揉成麵糰。

2 做麵：

先把麵糰壓成扁平的麵片。

用滾筒擠壓麵片，讓它變得非常薄。

用迴旋刀片將麵片切成細細長長的麵條。

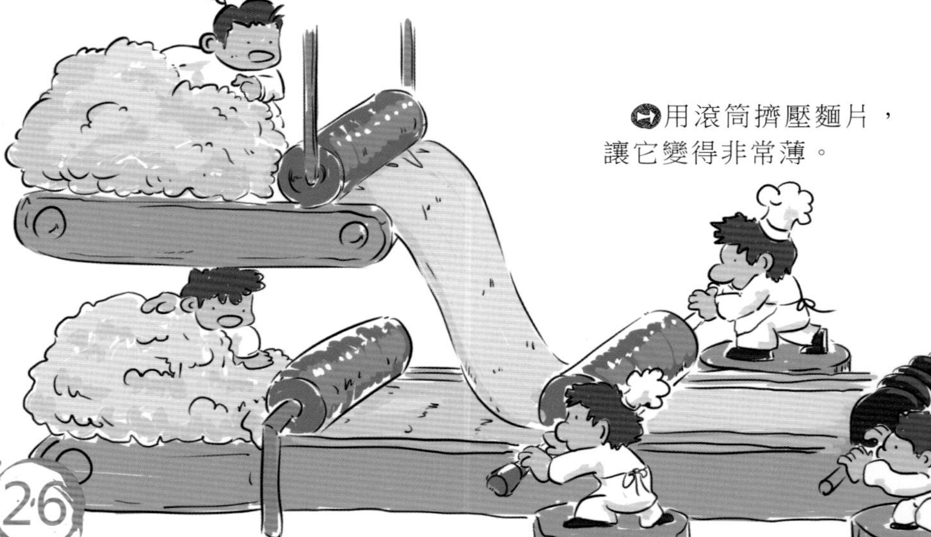

速食麵
5包裝：將麵餅放入包裝袋或麵杯中，加入輔料、湯料，密封包裝，速食麵就做好啦。
速食麵
4冷卻：將油炸後的麵條放在冷卻機中冷卻。
3油炸：製成速食麵麵餅。
冷卻機
用高溫蒸汽把麵條蒸熟。
加入各種調料讓麵條風味更美妙可口。
把細長的麵條切成均勻的長度，分成一份份的。
按份分裝在金屬籃子裡。

拉拉生活課 動手來擀麵

在爸爸媽媽的幫助下做一次手擀麵，不僅能吃到美味，還能享受動手的樂趣。現在，我們就開始吧。

原料 麵粉 4 碗，玉米麵少許，常溫清水 1 碗，即麵粉與水的比例為 4:1。

其他 食鹽、麵盆、筷子、擀麵杖、刀。

1 和麵：把麵粉倒入麵盆內，加常溫的淡鹽水用筷子攪拌，直到麵粉與水完全混合。

和麵

2 揉麵：用手揉麵，揉到麵糰光滑、柔軟。

醒麵

3 醒麵：用保鮮膜或潮濕的紗布把麵糰蓋起來，放置大約 1 小時，其間每隔 20 分鐘要再揉一揉麵糰。揉的時候要用力，使麵糰越來越細膩、光滑、柔軟。

揉麵

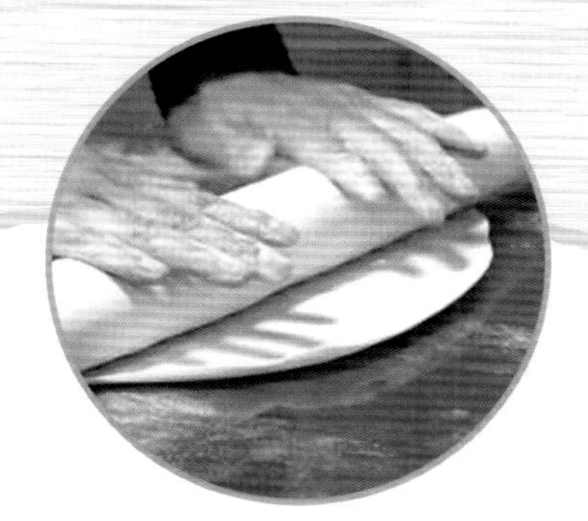

掃一掃，觀看有趣的影片。

擀麵

4 擀麵：在麵板上撒上少許乾麵粉，放上麵糰，再撒一層乾麵粉，防止麵糰黏在麵板和擀麵杖上。擀麵時要邊按壓邊擀，雙手從中間到兩邊不停地移動，好讓麵餅的厚度均勻。麵餅在你手中的擀麵杖下越來越大，越來越薄。

和麵用淡鹽水，使麵條更筋道。

5 切麵：你已經擀出了一張大大的麵餅，厚度最好在0.2公分左右。在麵餅上撒些乾玉米麵，把麵餅一層層疊起來，開始切麵。切出的麵條寬度由你自己決定，但也別太寬喲，否則不容易煮熟。

切麵

製作麵粉橡皮泥

材料

普通麵粉 130 克，鹽 145 克，塔塔粉 9 克，油 8 克，涼開水 240 克，食用色素幾滴。

提示

千萬不要用熱水。熱水會使麵中的蛋白質變質，就沒有柔韌性了。

1 把除去食用色素外的所有材料分別倒入不沾鍋中，中火邊炒邊攪拌均勻。

2 很快就攪成一個麵糰了，關火取出。

3 按照你的喜好，把麵糰分成多個小麵糰，每個小麵糰裡滴入 3~4 滴色素即可。

4 把每個小麵糰分別揉一揉，直到把色素揉勻為止。各種顏色的橡皮泥做好後，需要裝在密封性好的盒子裡保存，不然，很容易乾掉。

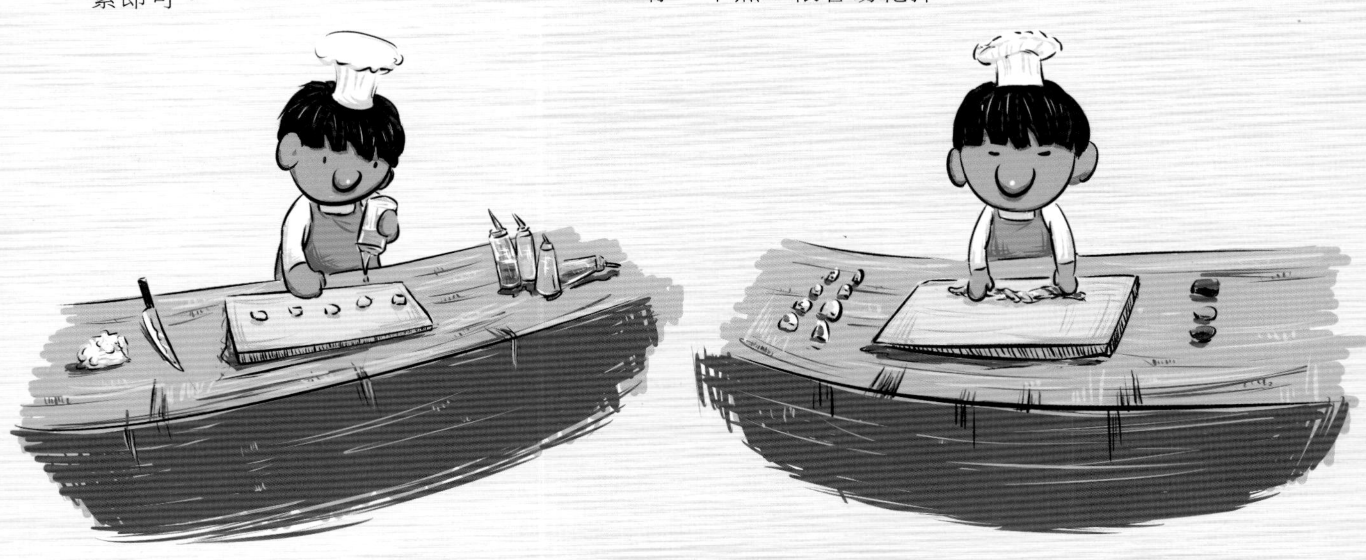

拉拉科學課

麵粉為什麼會變藍？

器材

麵粉、小碗、碘酒、勺子、筷子

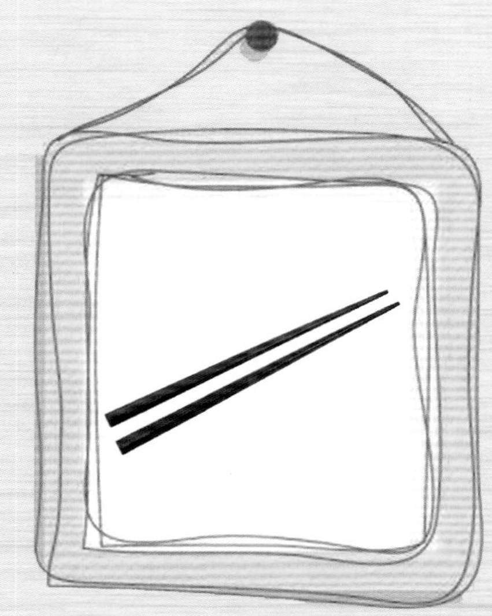

步驟

1. 在小碗裡加兩勺麵粉，然後加點兒開水，用筷子攪勻。
2. 等麵粉水冷卻後，滴入幾滴碘酒。
3. 觀察麵粉水的顏色有什麼變化。

麵粉水遇碘酒會變藍，這是因為麵粉裡含有澱粉。澱粉遇碘酒變藍是澱粉的一個特性。在許多行業中，碘酒都被用來檢驗某種物質中是否含有澱粉。

米粉是怎麼做出來的

人類食用水稻比食用小麥要早，所以用水稻製成的米粉也比麵條擁有更悠久的歷史。尤其在不以麵為主食的地區，米粉是人們重要的日常主食之一。

手工米粉是怎麼製作出來的呢？這個過程並不輕鬆呢。

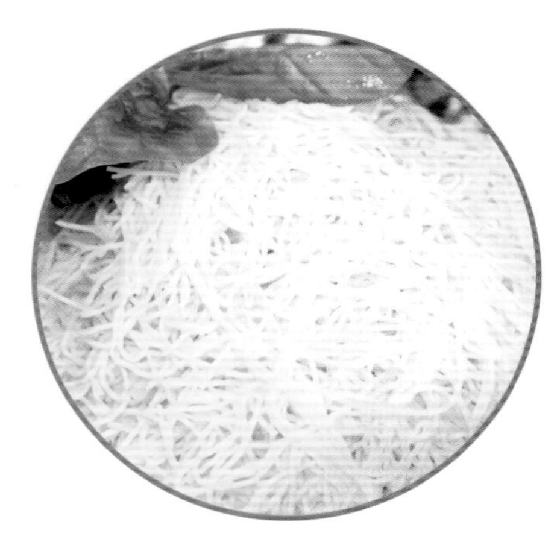

米粉

1 米需要長時間浸泡，然後磨碎，成為米漿。

2 把牛奶似的米漿倒進袋子裡去除水分，讓其慢慢發酵。

3發酵後的米粉糰先用芭蕉葉或者紗布包裹，
然後上甑蒸，提高米粉的彈性。
4把蒸好的米粉糰趁熱放進臼桶，
捶打一番，米粉糰變得像奶一樣綿密
柔順，成了黏稠的米漿。
5米漿被端到熱水鍋上，隨著操
作者熟練的手法，又細又薄的線狀
米粉落入沸水中，煮熟後就可以食
用了。

澱粉麵條家族成員

米粉屬於澱粉麵條，澱粉麵條雖然不如小麥麵粉麵條種類那麼多，但也有 300 多種。其中有很多也是大名鼎鼎、非常受歡迎的。

朝鮮冷麵

朝鮮冷麵是蕎麥麵條，蕎麥麵條在韓國和朝鮮有上千年的歷史。其中的麵條是在蕎麥麵粉裡加入綠豆粉或紅薯粉做成的，使麵條口感更加柔韌耐嚼。澆上泡菜湯和肉湯，放上肉片和梨片，再配上一顆白煮雞蛋，一碗清新爽口的冷麵就做好了。

大同小異的亞洲米粉

東南亞很多國家都吃米粉，和中國南方的米粉大同小異。

據說，米粉最早出現於宋代，漢族人利用米來製作米粉，他們南遷後把這種方法傳授給了傣族人。700 年前，傣族人身陷險境，被北方民族驅趕。當時大部分傣族人沿湄公河向南逃往泰國，之後在那裡定居。同時，把米粉也帶到了泰國和東南亞其他國家。

用來做菜的中國粉絲

你知道一道名菜叫“螞蟻上樹”嗎？其實“螞蟻”是肉末，而“螞蟻”爬的“大樹”呢，就是細細的粉絲。這種粉絲是用豌豆或綠豆製成的，絲條細勻，質地柔韌，也是最常吃的家常菜食料。

日本素麵

日本人有在農曆七月七日吃素麵的習俗，象徵好事連連。素麵是用一種黏稠的麵糰製作的，這種麵糰在冬天製作，然後存放起來醒麵，存放三年的麵糰最受歡迎。製作素麵的時候，為防止麵條在拉抻時斷裂，製作時還要不時地刷油。最精製的素麵直徑還不足0.1公分，其長度卻超過2米，真的像絲線一般。

麵條的家鄉味道

北京炸醬麵

廣東雲吞麵

河南燴麵

四川擔擔麵

杭州片兒川

延吉冷麵

武漢熱乾麵

陝西哨子麵

臺灣度小月擔仔麵

山西刀削麵

新疆拌麵

蘭州牛肉麵

鎮江鍋蓋麵

昆山奧竈麵

麵食王國

中式麵食

中式麵食家族品類豐富，而最常見的莫過於饅頭和餃子。

饅頭是中國人喜愛的麵食，被譽為古代中華麵食文化的象徵，現代人常把它同西方的麵包相媲美。

兩宋之間，“酵麵發麵法”出現，饅頭誕生了。

到了元代，饅頭的製作方法基本上與現代相同，人們已經知道用鹼和鹽來解決麵糰發酵後有酸味的問題。

到了明清時，人們已經會做和現代饅頭極其相似的實心饅頭了。

拉拉民俗課 富有特色的卡子饅頭

山東地區有一種特色饅頭叫“卡子”，通常在過年時製作。卡子是用木頭模具製作的麵食。模具是用桃木、梨木等質地堅硬的木頭雕刻出來的，形狀、圖案多種多樣，常見的有元寶、桃、金魚等象徵吉祥的造型。製作時把麵糰壓進模具中，壓實壓平，把模具反過來在麵板上輕輕一磕，帶著各種漂亮圖案的卡子就做好了。

餃子深受中國百姓的喜愛，在世界上也是中華美食的代表。在北方，直到今天，人們還有在很多節氣和節日吃餃子的習俗。

速凍餃子是怎麼來的

我們來看看餃子的自動生產線吧。

1 先來看儲存麵粉的庫房，準備供應給產品的麵粉，通過麵粉過篩機實現了自動過篩。

2 篩好的麵粉通過管道輸送給揉麵機，這種機器裡預置了各式麵糰的配方，由操作工監控各種原料的比例是否恰當。

3 自動流水線將揉好的麵糰配送給每臺餃子機。在餃子機上，麵糰被壓成麵皮，放入分量合適的餃子餡，並且把餃子皮合攏。一個餃子就包好了。

4 一個個餃子通過傳送帶進入螺旋冷庫，冷庫內的溫度是-32° C~-30° C。

5 冷凍後的餃子會經過仔細挑選，只有合格品才能送去包裝。

6 產品密封裝箱後，需要盡快送往臨時庫房冷藏。為了保持成品的外觀和品質，速凍餃子需要全程冷凍配送。

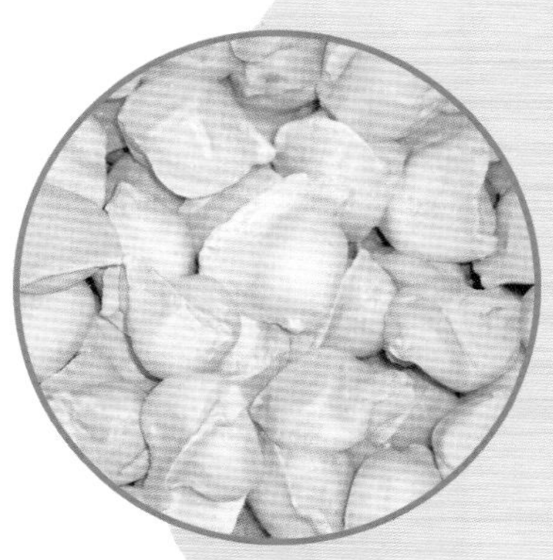

速凍餃子

西式麵食

和中式麵食相比，西式麵點是用有著不同麵筋含量的麵粉做的，比如麵包，就是用高筋麵粉製作的。我們以商店裡最常見的切片麵包為例，來看看製作過程。

酵母中含有微生物，它們吃麵粉裡的天然糖分，並釋放出二氧化碳氣體，正是這些氣體使麵包膨脹起來。

1 將麵粉倒進一個巨大的攪拌機裡，加入溫度適宜的水、酵母和其他成分，進行混合攪拌。

2 將攪拌好的麵團放入帶蓋的容器裡，靜置等待麵糰發酵。為了加速發酵，還會加入一些化學添加劑。

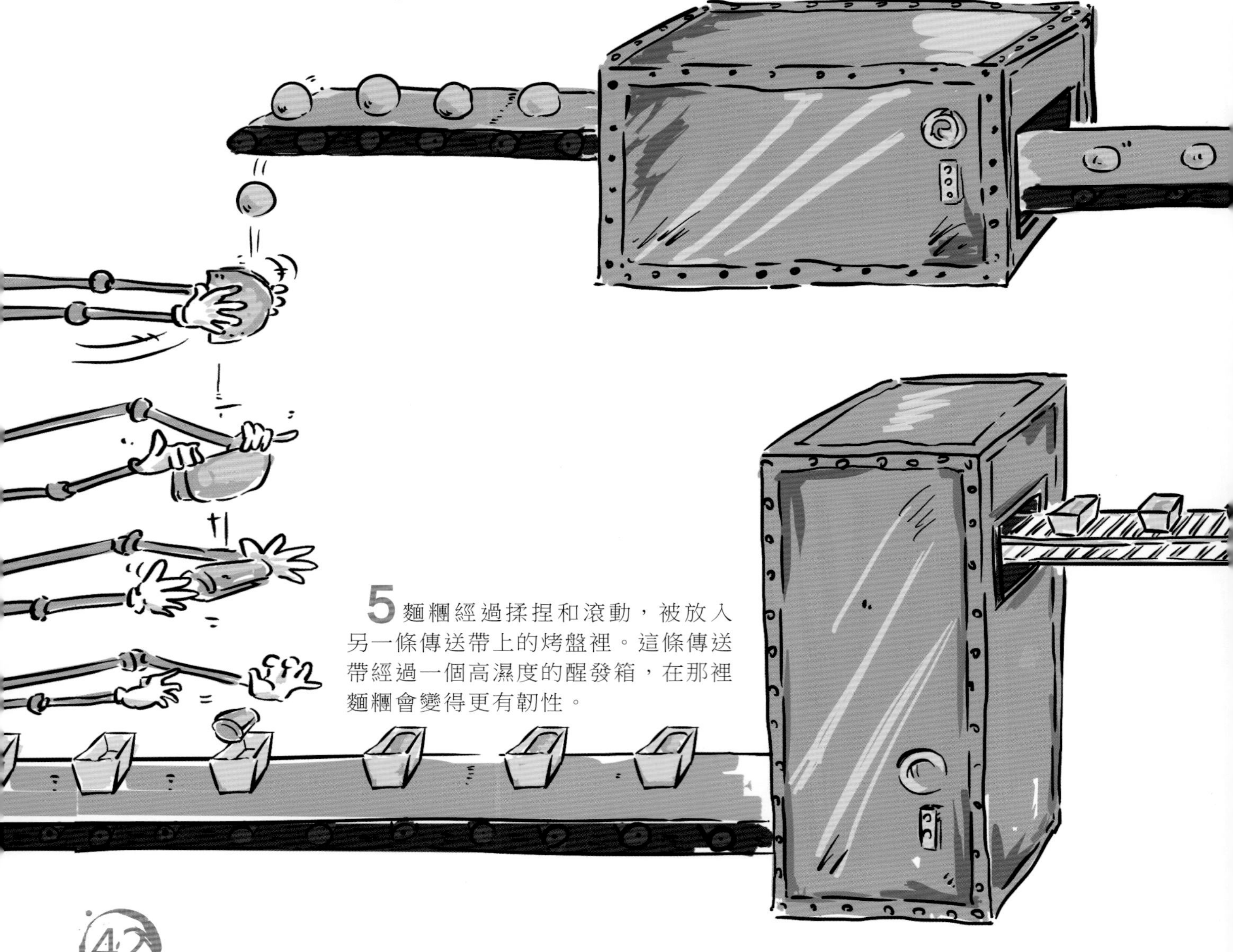

5 麵糰經過揉捏和滾動，被放入另一條傳送帶上的烤盤裡。這條傳送帶經過一個高濕度的醒發箱，在那裡麵糰會變得更有韌性。

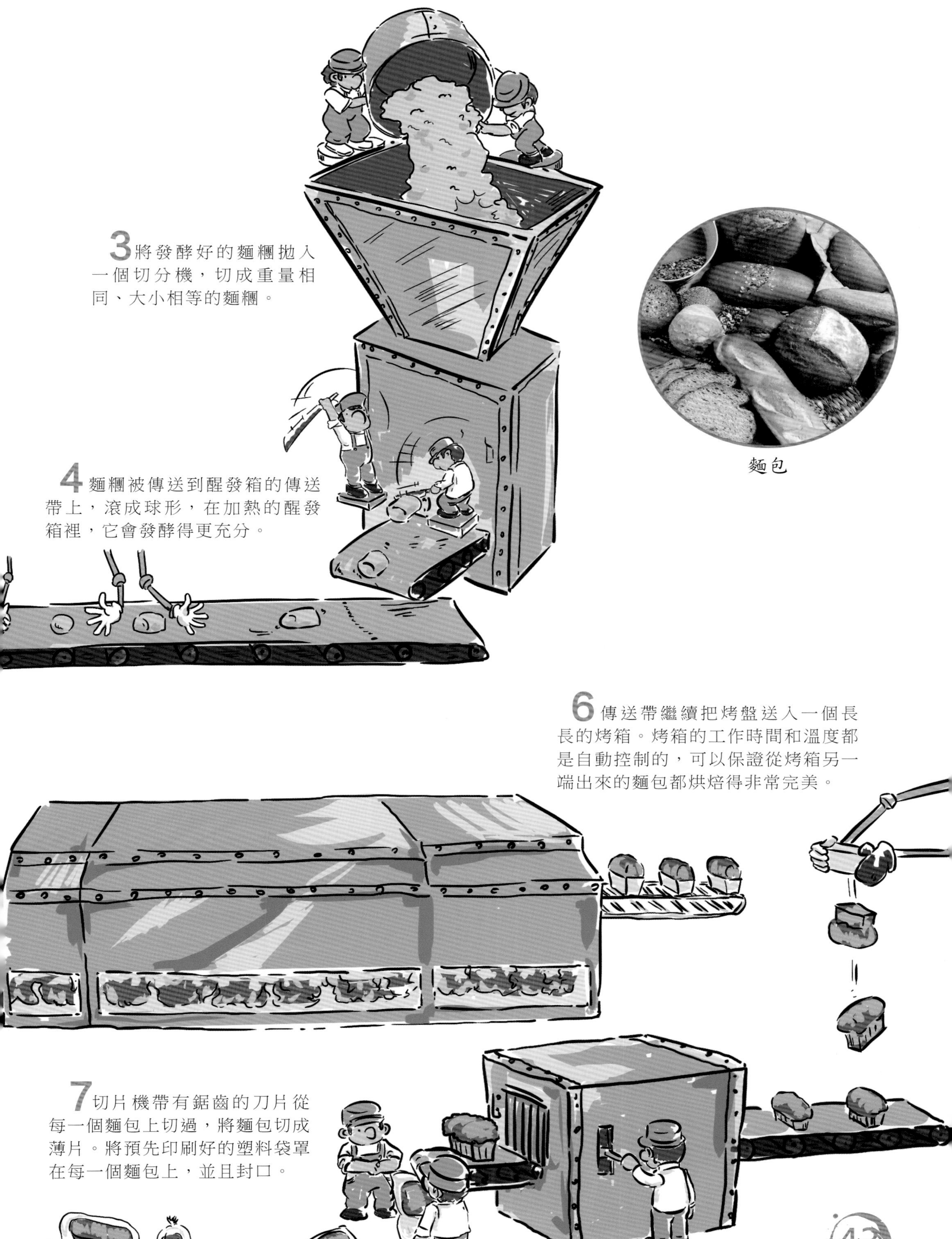
3將發酵好的麵糰拋入一個切分機，切成重量相同、大小相等的麵糰。
麵包
4麵糰被傳送到醒發箱的傳送帶上，滾成球形，在加熱的醒發箱裡，它會發酵得更充分。
6傳送帶繼續把烤盤送入一個長長的烤箱。烤箱的工作時間和溫度都是自動控制的，可以保證從烤箱另一端出來的麵包都烘焙得非常完美。
7切片機帶有鋸齒的刀片從每一個麵包上切過，將麵包切成薄片。將預先印刷好的塑料袋罩在每一個麵包上，並且封口。

拉拉旅行記

我和我的小夥伴曾經到世界各地去旅行，在旅途中遇到和聽說了很多有趣的故事……

中國長壽麵

每逢生辰，中國人的壽宴上都少不了一碗長壽麵，吃長壽麵時，要將一整根麵條一口吞下，既不能用筷子夾斷，也不能用牙咬斷，寓意著長命百歲。

世界上最大的一碗炸醬麵

2014年，北京的70位大廚聯手打造了一碗超大份的炸醬麵，歷時兩個小時，創造了500人同吃一碗炸醬麵的壯觀場面。

義大利的象徵

義大利政府的一項遊客調查結果令人頗為意外，遊客眼中義大利的象徵既不是比薩斜塔，也不是威尼斯水都，而是義大利麵。如今，全球義大利麵年產量已達1000萬噸。在義大利，每人每年要吃掉至少28公斤的麵條。在羅馬市甚至還有一座義大利麵博物館。

日本人比賽吃麵條

在日本的岩手縣等地，保留著一種別具一格的傳統競賽，就是一年一度的吃麵條比賽。

通常在比賽的前一天，選手們不吃也不喝。比賽一聲令下，選手們在5分鐘內誰吃下最多的麵條，誰就是冠軍。

麵條作畫，不忍下口

一家時尚速食麵製作商邀請藝術家和麵條愛好者在社交媒體上呈現精美的食物藝術作品。參與者用麵條“畫”了許多作品，尤其是肖像畫，用麵條做頭髮，細節部分則用醬料表現，非常精美，叫人不忍下口。

能長出麵條的樹

非洲最大的島嶼馬達加斯加島生長著一種奇特的樹，當地人叫它“麵條樹”。果實呈細長條，最長的達2米，看上去的確有些像麵條。這種樹長出的果實富含澱粉，食用時放在水裡煮熟，撈出拌上佐料，吃起來和真正的麵條差不多。

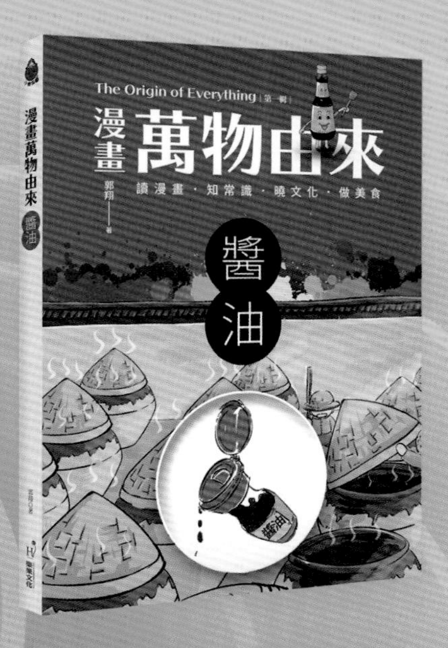

The Origin of Everything

漫畫萬物由來

讀漫畫・知常識・曉文化・做美食

小樂果 5
漫畫萬物由來：麵

作　　者／郭翔
總 編 輯／何南輝
責任編輯／李文君
美術編輯／郭磊
行銷企劃／黃文秀
封面設計／引子設計

出　　版／樂果文化事業有限公司
讀者服務專線／（02）2795-3656
劃撥帳號／50118837 號 樂果文化事業有限公司
印 刷 廠／卡樂彩色製版印刷有限公司
總 經 銷／紅螞蟻圖書有限公司
地　　址／台北市內湖區舊宗路二段121 巷19 號（紅螞蟻資訊大樓）
／電話：（02）2795-3656
／傳真：（02）2795-4100

2019 年 3 月第一版 定價／ 200 元 ISBN 978-986-96789-4-0